Ibrahim Medini

Panorama didático da domesticação de ovinos

Ibrahim Medini

Panorama didático da domesticação de ovinos

Desenvolvimentos em zootecnia emétodos para melhorar a reproduçãonos ovinos

ScienciaScripts

Imprint

Any brand names and product names mentioned in this book are subject to trademark, brand or patent protection and are trademarks or registered trademarks of their respective holders. The use of brand names, product names, common names, trade names, product descriptions etc. even without a particular marking in this work is in no way to be construed to mean that such names may be regarded as unrestricted in respect of trademark and brand protection legislation and could thus be used by anyone.

Cover image: www.ingimage.com

This book is a translation from the original published under ISBN 978-620-6-72714-9.

Publisher:
Sciencia Scripts
is a trademark of
Dodo Books Indian Ocean Ltd. and OmniScriptum S.R.L publishing group

120 High Road, East Finchley, London, N2 9ED, United Kingdom
Str. Armeneasca 28/1, office 1, Chisinau MD-2012, Republic of Moldova, Europe
Printed at: see last page
ISBN: 978-620-3-59561-1

1- PANORAMA HISTÓRICO DA DOMESTICAÇÃO (EXEMPLO DOS OVINOS)

Helmer (1992) propôs a seguinte definição: "domesticação é o controlo de uma população animal através do isolamento do rebanho com perda de panmixia, supressão da seleção natural e aplicação de seleção artificial baseada em caraterísticas particulares, quer comportamentais quer estruturais. Os animais vivos tornam-se propriedade do grupo humano e ficam inteiramente dependentes do homem".

Tempo de domesticação

Os vestígios mais antigos de ovinos foram encontrados no Iraque em estratos datados de (-8900 e -8500). A ovelha foi uma das primeiras espécies depois do cão (-15000 e -12000) e da cabra (-9500 e -8500). Este período é conhecido como o Neolítico (França :

-6.000 a 2.500 a.C. e Médio Oriente: 6.000 a 4.500 a.C.), período durante o qual o homem evoluiu de caçador-recolector para agricultor-criador.

Local de domesticação

As espécies selvagens que deram origem às nossas principais espécies domésticas (incluindo as ovelhas) encontram-se numa vasta área que corresponde aproximadamente ao Médio Oriente atual. Esta vasta região, centrada no crescente fértil da antiga Mesopotâmia, deu origem a muitos dos fundamentos da sociedade atual, incluindo a agricultura, o urbanismo e a escrita.

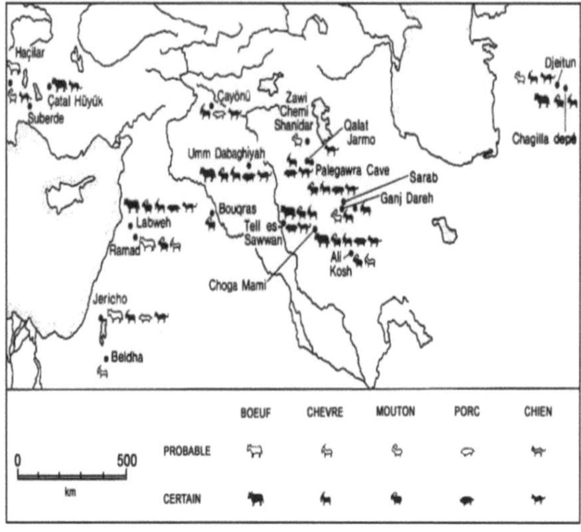

Figura 1: Mapa dos sítios arqueológicos no Médio Oriente que mostram a domesticação mais antiga de animais

2- PANORAMA HISTÓRICO DA ZOOTECNIA

Numa tentativa de classificar o conhecimento humano, em 1834, o físico André Marie Ampère subdividiu as ciências naturais em quatro ciências principais: botânica, agricultura, zoologia e **zootecnia.**

Definiu **a zootecnia** como "a ciência relacionada com o uso ou o prazer que tiramos dos animais, com o trabalho e o cuidado com que obtemos matérias-primas do reino animal". Sublinhou igualmente a ligação entre as ciências e as ciências tecnológicas que lhes estão associadas:

"A zootecnia é para a zoologia o que a agricultura é para a botânica". Em 1843, o termo "zootecnia" foi utilizado pelo Conde de Gasparin na aula de abertura do seu curso de agricultura, onde colocou a seguinte questão:

"A educação dos animais deve ser considerada como parte integrante das ciências agrárias?

A partir de 1849, a zootecnia tornou-se uma disciplina pedagógica. O seu campo disciplinar foi-se estruturando progressivamente em torno da reflexão sobre o seu objeto, da produção de conhecimentos e da sua organização num corpo de conhecimentos coerente e suscetível de ser difundido através do ensino.

A criação de animais sofreu grandes alterações durante este século, graças aos novos conhecimentos sobre a nutrição animal e ao progresso genético, o que levou ao aparecimento de raças de alto rendimento para carne e leite, como as ovelhas leiteiras, que se encontram nos países mediterrânicos.

Fontes e actores da zootecnia francesa

Eugène Baudement (1816-1863): "a zootecnia é o conhecimento da máquina animal". **André Sanson (1826-1902)**: "a zootecnia é a ciência da produção e da exploração das máquinas vivas".

Charles Cornevin (1846-1897): "a zootecnia é uma ciência tecnológica porque traça as aplicações que decorrem dos conceitos em que se baseia". **Raoul Baron (1852-1908)**: "A zootecnia é como o engenheiro de máquinas vivas, cuja produção e funcionamento ele deve supervisionar".

Paul Diffloth (1873-1951): "a zootecnia é um novo conceito de produção animal".

Martial Laplaud (1883-1971): "o objetivo da zootecnia é ensinar a teoria e a prática de como ganhar dinheiro com os animais domésticos". **André Max leroy (1892-1978)**: "o objetivo da zootecnia é estudar as regras para ganhar dinheiro com os animais".

Uma visão histórica da inseminação artificial

- Os árabes praticavam a inseminação artificial da égua no século XIV.

- Em 1780, o fisiologista italiano Lauro Spanllanzani, professor de história natural em Pavia, injectou esperma na vagina de uma cadela que deu à luz 3 cachorros ao fim de 62 dias. - Em 1887, o veterinário francês Repiquet inseminou uma égua colocando esperma na sua vagina com uma esponja.

- Durante o mesmo período (1907), Ivanov publicou na Rússia "A fertilização dos animais domésticos" (vagina artificial).

- Em 1944, nasceram os primeiros borregos através de inseminação artificial.

- Em 1945, foi criado em La Loupe (Eure-et-Loir) o primeiro centro de inseminação artificial de bovinos.

- Em 1946, nasceram os primeiros vitelos por inseminação artificial.

- Em 1952, Poldge e Rowson, congelação de esperma.

3- REPRODUÇÃO EM OVINOS

Uma boa gestão reprodutiva na criação de ovinos reflecte-se num bom controlo dos componentes da produtividade dos animais (figura 13).

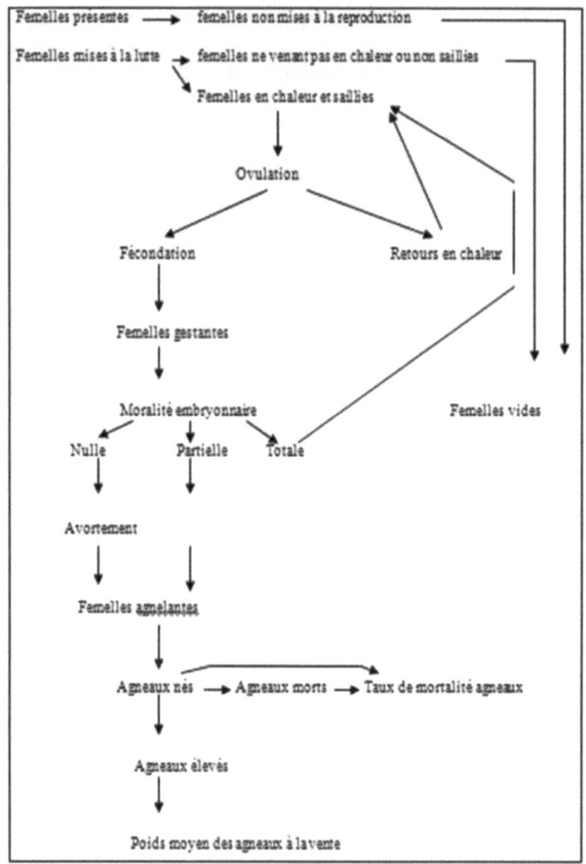

Figura 2: Componentes da produtividade da exploração ovina (de acordo com OUATTARA Issif, 2001).

Table 1: Physiological norms in ewes

HEATSAverage **duration**	: 24 to 48 hours (there are variations depending on breed and age) "adult ewes go into heat for longer than ewe lambs and ewe lambs".
GESTATION days)	Average length: 146 days (140-152
UTERINE INVOLUTION	It is complete 20 to 30 days after giving birth
OVULATION	This takes place 20 to 30 hours after the onset of heat.
AGE AT PUBERTY female	6 months: when the weight of the corresponds to 40 to 60% of adult weight
CYCLE DURATION	14 to 19 days
GESTATION PERIOD	5 MONTHS ± 1 week
AGE OF MAXIMUM FERTILITY3 to 6 years	
AGE AT REFORMING5	to 9 years
AGE AT FIRST	AGNELLI
NG10 to 12 months	

Table 2: Physiological standards in rams

AGE AT PUBERTY	6 to 8 months
BREEDING AGE	12 months
FECONDITE	peaks at 2 and a half years of age
FREQUENCY OF USE FOR	LA SAILLIE
4 to 5 females per day	
AGE AT REFORM	only 5 years to go

- Main types of crossbreeding :

* absorption cross-breeding: successive use of rams of the same breed on dams up to the great granddaughters 7/8.... of the basic flock.

*Cruzamento industrial; a produção deste cruzamento destina-se ao abate. A raça do carneiro não é obrigatória.

*O cruzamento em duas fases; trata-se de um cruzamento que consiste em dois cruzamentos entre três raças puras; o primeiro cruzamento das mães com carneiros de alta linhagem proporciona as caraterísticas de prolificidade e precocidade; o cruzamento das filhas com outros carneiros proporciona as caraterísticas de conformação e crescimento rápido.

4- A TÉCNICA DE LAVAGEM

Durante o período de luta, se o peso das ovelhas não for suficiente e o seu índice de condição corporal for inferior a 3,5, é-lhes dado "**flushing**". Este reforço energético durante o período de reprodução contribui para melhorar a prolificidade e a fertilidade média do efetivo (Jarrige, 1988; Hassoun e Bocquier, 2007). Segundo Dudouet (2003), as necessidades durante o período de controlo não diferem das necessidades durante a manutenção, mas a ovulação e o agrupamento dos nascimentos são influenciados pelo **Flushing**. A taxa de ovulação é fortemente influenciada pela alimentação (figura 3) e, por conseguinte, pelo estado nutricional das ovelhas. (peso vivo).

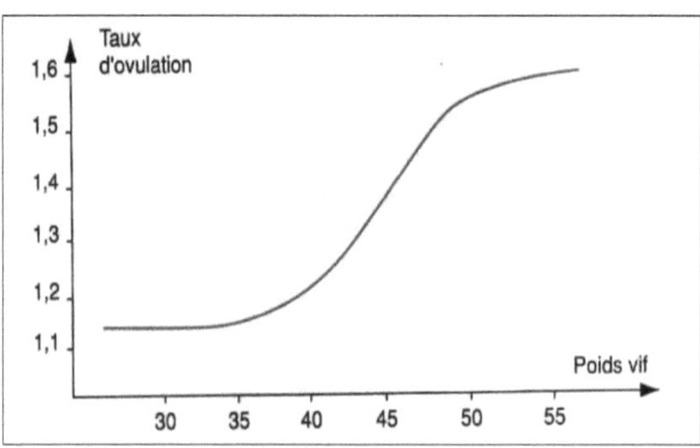

Figura 3: Efeito do Flushing na taxa de ovulação em ovelhas.

Dudouet (2003) mencionou que existem 2 tipos de **Flushing** (Figura 4): O pré-estro (durante 3 semanas antes do flushing), que melhora o número de borregos nascidos em 10-20%, e o pós-estro (durante 5 semanas após o flushing), que reduz a taxa de mortalidade embrionária.

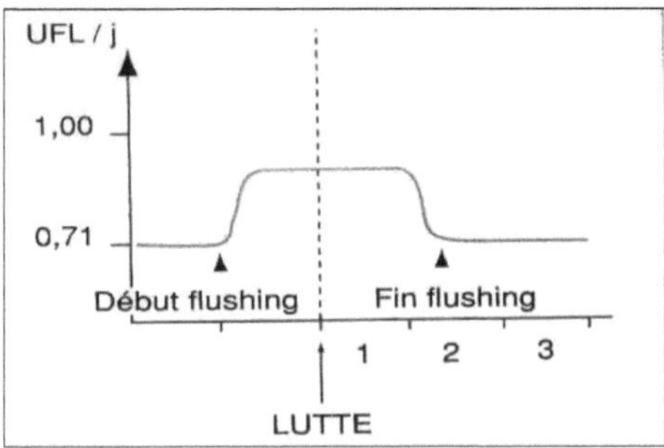

Figura 4: Lavagem pré-estro e lavagem pós-estro.

De acordo com Fernandez (2003), a técnica de **Flushing**, que consiste em aumentar o nível de ingestão de energia (fornecimento de 200-400 g por dia de cevada, por exemplo) três semanas antes e três semanas depois de cobrir as ovelhas com um índice de condição corporal inferior a 3, deve ser utilizada para obter uma boa taxa de fertilidade.

O mesmo autor afirma que **o Flushing** tem pouca influência no início do cio, particularmente em raças com anoestro sazonal profundo. Por vezes, um suplemento vitamínico-mineral ajuda a melhorar a eficácia do **Flushing** durante este período, a partir do qual **o Flushing** melhora o nível de ovulação e reduz as perdas embrionárias.

Thériez (1984) mencionou que **o Flushing** não aumenta a taxa de fertilidade apenas em fêmeas com condição corporal média, de facto, em fêmeas magras e gordas **o Flushing** não tem efeito na fertilidade. **O flushing** reduz a intensidade do anoestro sazonal nas ovelhas, melhorando a sua condição corporal (Khaldi, 2005).

A sobrealimentação concentrada (**flushing**) aumenta o peso vivo da fêmea no controlo, o que melhora a sua prolificidade (Lindsay, 1995) (figura 5).

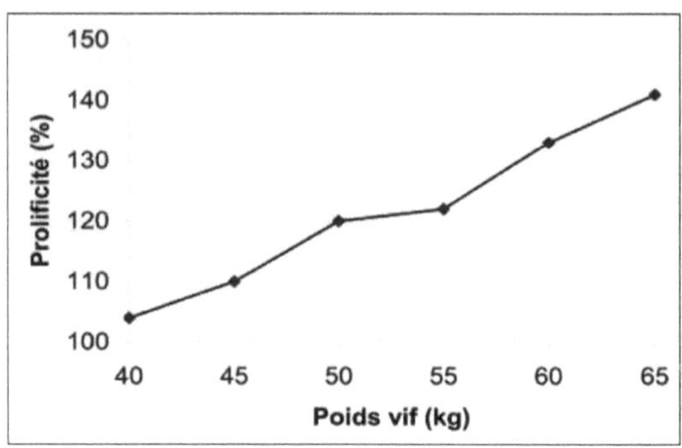

Figura 5: Relação entre o peso vivo no controlo e a prolificidade em ovelhas Merino (Linsday, 1995).

Khaldi, (1989), mencionou que **o Flushing** também pode melhorar a taxa de nascimentos de gémeos.

5- PUBERDADE E FACTORES QUE INFLUENCIAM O INÍCIO DO CIO NAS OVELHAS

A puberdade é definida como a idade em que o animal se torna capaz de produzir gâmetas fertilizantes, ou seja, o primeiro cio nas fêmeas e a primeira ejaculação nos machos. De facto, a idade da puberdade é de 5 a 9 meses nos ovinos, mas o aparecimento do primeiro cio depende (Dudouet, 2003):

a- Efeito do mês de nascimento no início do primeiro cio em ovelhas:

As fêmeas nascidas no final do inverno podem ser criadas no outono do mesmo ano, quando têm 7 a 8 meses de idade. As fêmeas nascidas tardiamente só são reproduzidas com 12 a 15 meses de idade.

b- Efeito da raça no início do primeiro cio em ovelhas :

A idade da puberdade varia consoante a raça. As raças finlandesa e Romanov podem ser acasaladas com cerca de 3 a 4 meses (quadro 3).

Quadro 3: Variação da idade da puberdade dos ovinos em função da raça

(Dudouet, 2003).

Raças **Idade em 1er estro Peso em de peso**

	(em j)	Cio (kg)	adulto
Limusina	250	31	65
Berrichon du cher	261	45	75
Romanov	179	31	65

c- Efeito da temperatura no início do primeiro cio em ovelhas:

Uma temperatura de 8 a 9 no ovil antecipa o início do cio em cerca de um mês.

d-Efeito do peso no início do primeiro cio das ovelhas:

A puberdade ocorre mais cedo à medida que o peso aumenta (3/4 do peso adulto

na luta livre).

6- PUBERDADE E FACTORES NA VARIAÇÃO DA PRODUÇÃO DE ESPERMA EM CARNEIROS

A puberdade dos machos é comparável à das fêmeas. É função da raça, do mês de nascimento, do nível alimentar e do ambiente (luz), e mesmo em relação ao peso, o macho deve atingir ¾ do peso vivo adulto aquando da reprodução (Dudouet, 2003). Ele salientou que a produção de esperma é contínua e proporcional ao peso dos testículos. Assim, esta produção é função de vários factores. A produção de esperma de um carneiro jovem é menor do que a de um carneiro adulto, devido ao efeito da idade. Além disso, a produção de esperma dos carneiros é máxima durante o período de dias curtos, quando os testículos estão no seu maior tamanho. O estado de saúde do carneiro influencia, portanto, o processo de espermatogénese, tendo em conta que o volume de um ejaculado normal é, em média, de 0,9 ml, com uma concentração de espermatozóides de 1,5 a 6 milhões por mililitro. A puberdade ocorre mais cedo quanto maior for o peso (3/4 do peso adulto na luta livre).

7- O CICLO SEXUAL DA OVELHA

A atividade sexual das ovelhas é sazonal e caracteriza-se por uma sucessão de ciclos éstricos a cada 17 dias, em média, que podem ser divididos em duas fases (Cognié et al., 2007).

- A fase folicular dura 3-4 dias e termina com o cio e a ovulação,

- A fase lútea prepara o útero para a implantação do embrião. Se a ovelha não tiver sido fecundada, esta fase lútea é interrompida ao fim de 13-14 dias para dar lugar a uma nova fase folicular.

O ciclo sexual da ovelha é o resultado de várias mudanças: a produção de gâmetas no ovário, onde a ovelha se torna agressiva e recetiva ao macho (comportamento de cio), e a secreção hormonal de hormonas que regulam o ciclo. O ciclo sexual da ovelha é portanto constituído por duas componentes (figura 6) (Dudouet, 2003):

-O ciclo Oestriano (calor)

-O ciclo ovárico (produção de gâmetas e ovulação).

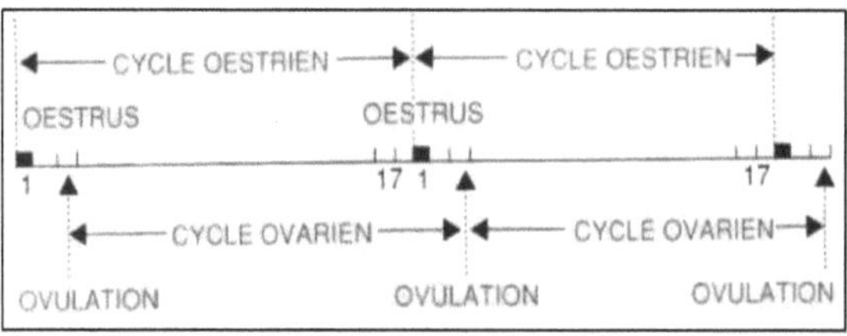

Figura 6: Ciclo sexual da ovelha

O ciclo sexual das fêmeas ovinas pode ser dividido em três períodos.

-Cio: é o período em que a fêmea está recetiva. A duração do cio é proporcional à idade da ovelha durante este período. A ovelha sofre um certo número de alterações comportamentais (agitação, procura do macho) e fisiológicas (congestão da vulva, diminuição da produção de leite....) (Dudouet, 2003). Durante esta fase, as ovelhas tendem a mostrar sinais perceptíveis de cio, tais como (Charron, 1986):

- Alterações comportamentais (aumento da atividade motora, redução do consumo de alimentos, reflexo de tolerância na presença de um macho inteiro).

- Alterações morfológicas (tamanho, cor) dos órgãos genitais externos (aumento de volume e vermelhidão da vulva, edema da mucosa do vestíbulo vaginal, secreção abundante da mucosa cérvico-vaginal).

- Diminuição da viscosidade do muco cérvico-vaginal,

- Uma alteração do pH intra-vaginal de cerca de 6,5 - Uma ligeira diminuição da temperatura corporal basal.

A figura 7 abaixo mostra a evolução das concentrações hormonais durante o ciclo sexual da ovelha.

A fase lútea: após a ovulação, o ovócito encontra-se no oviduto e o corpo lúteo, formado a partir do folículo cicatrizado, segrega progesterona para manter o embrião no útero e para bloquear o ciclo sexual.

-A fase pré-ovulatória: na ausência de fecundação, o corpo lúteo regride sob a ação de outras hormonas para desbloquear o ciclo sexual.

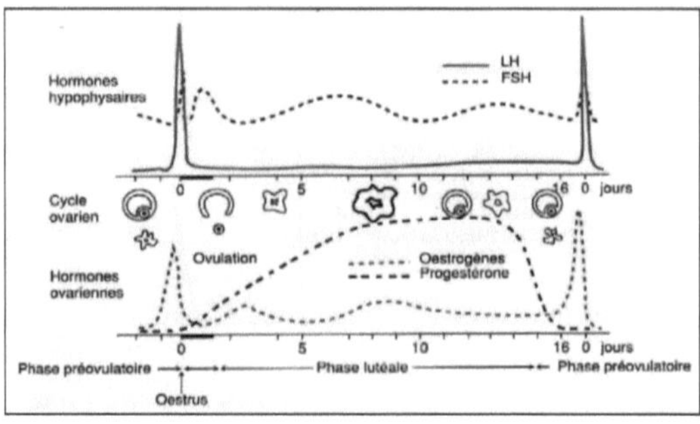

Figura 7: Alterações nas concentrações hormonais durante o ciclo sexual da

ovelha.

8- SAZONALIDADE DA REPRODUÇÃO NOS OVINOS

A reprodução dos ovinos caracteriza-se por períodos alternados de atividade sexual e de repouso (Khaldi, 1984). A atividade sexual estende-se geralmente de agosto a fevereiro; fora deste período, os animais estão em anoestro, com uma cessação da atividade ovulatória cíclica. Dudouet (2003) mencionou que a atividade sexual das ovelhas atinge o seu pico no outono, quando a duração do dia diminui, o que corresponde à estação sexual (Figura 8 a). Nas outras estações, quando os dias são mais longos, a atividade sexual das ovelhas atinge o seu mínimo ou mesmo cessa (figura 8 b), o que significa que as ovelhas se encontram num estado de repouso sexual, conhecido como anoestro sazonal.

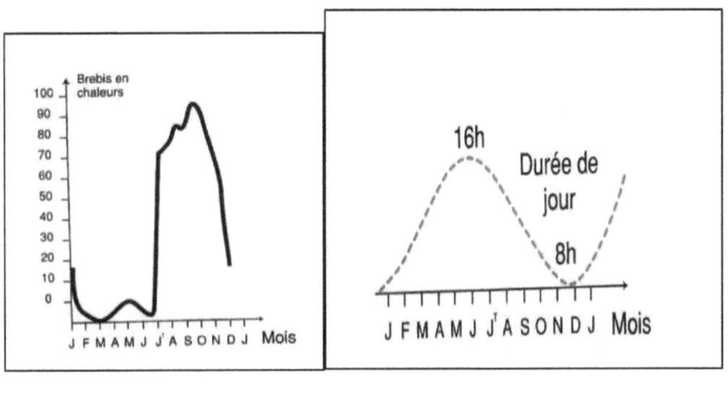

a   b

Figura 8: Variação sazonal da chegada das ovelhas ao cio para as ovelhas das Îles-de-France (Thimonier e Mauléon, 1969).

Nos carneiros, a atividade sexual é função da estação do ano, com atividade máxima no outono, quando os dias são longos e há 16 horas de luz do dia (figura 9).

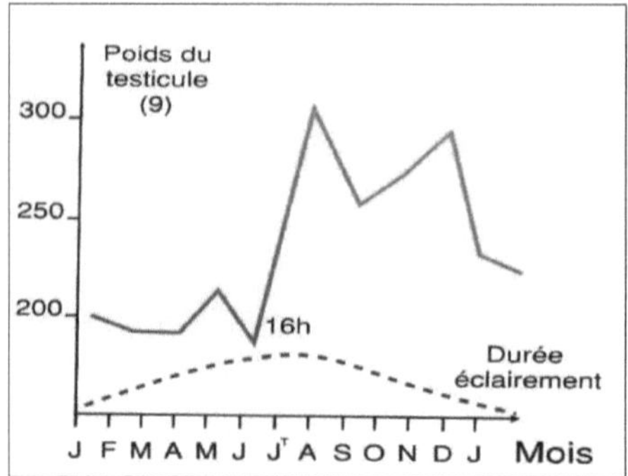

Figura 9: Variação sazonal do peso dos testículos de carneiro da Ile-de-France (Pelletier, 1971).

Segundo Zaiem et al (2000), na maior parte das populações ovinas do mundo, em latitudes superiores a 23°, as variações sazonais da atividade sexual dependem do fotoperíodo. Os dias curtos e decrescentes do final do verão e do outono estimulam a atividade sexual, enquanto os dias longos e crescentes do final do inverno e da primavera a inibem.

9-EFEITO DO FOTOPERÍODO NA ACTIVIDADE SEXUAL DOS OVINOS

A duração da luz do dia e as suas alterações são os factores que mais influenciam as alterações fisiológicas na reprodução dos ovinos. De um modo geral, a reprodução sazonal sob o efeito deste fenómeno natural (dias curtos e dias longos) resulta na parição numa altura ideal, com algumas excepções (Photoperiod Reference Guide).

a- Efeito do fotoperíodo na atividade sexual das ovelhas :

As fêmeas ovinas atingem geralmente o pico da sua atividade sexual no outono, quando estão receptivas e são cíclicas, correspondendo à estação sexual, ou período natural de reprodução. Durante o resto do ano, principalmente na primavera, as fêmeas estão em anoestro, o período de menor atividade sexual (contra-estação) (figura 10).

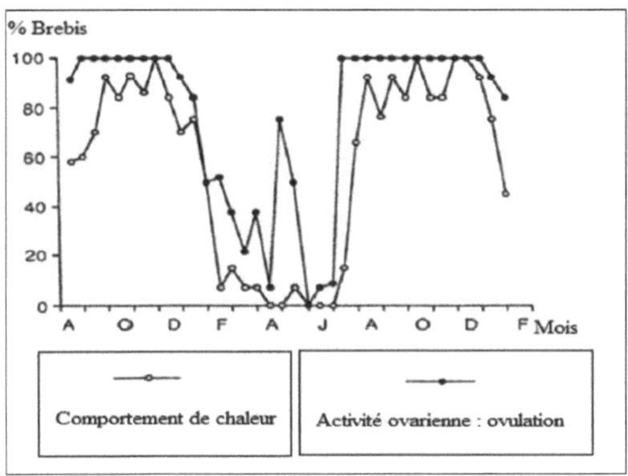

Figura 10: Variação sazonal da atividade sexual em ovelhas de Île-de-France. (Chemineau et al., 1992).

b- Efeito do fotoperíodo na atividade sexual dos carneiros :

A reprodução dos carneiros é também sazonal, mas o efeito do fotoperíodo é menos intenso nos carneiros do que nas ovelhas. A atividade sexual dos machos é contínua durante todo o ano. A atividade sexual endócrina e espermática diminui acentuadamente de intensidade na primavera e no verão. Isto deve-se ao facto de o aumento da duração do dia ter um efeito inibidor sobre o eixo hipotálamo-pituitária-testicular.

Durante o período de dias curtos (crescentes), a concentração de testosterona, FSH e LH cai notavelmente. Como resultado, a concentração de espermatozóides no sémen diminui, com o aparecimento de anomalias gaméticas e uma redução do tamanho dos testículos e da produção de espermatozóides (figura 11).

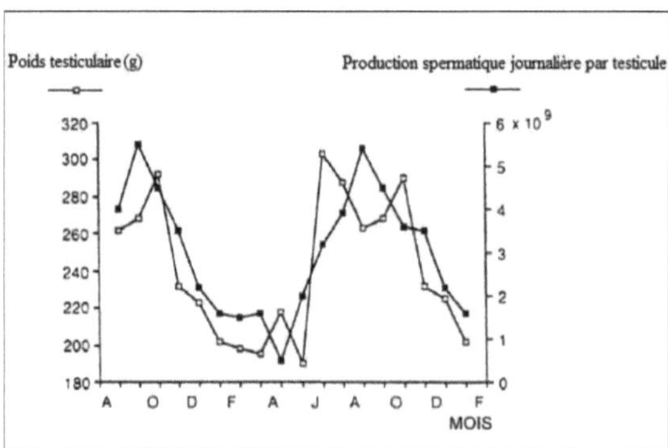

Figura 11: Variação sazonal do peso testicular e da produção de esperma em carneiros da Île-de-France. (Chemineau et al., 1992).

c- Mecanismo de ação do fotoperíodo

O fotoperíodo actua sobre a atividade sexual dos ovinos através de uma hormona segregada pela glândula pineal, a melatonina, que é a hormona responsável pela tradução da mensagem luminosa.

Os animais segregam melatonina durante a fase escura (Figura 12).

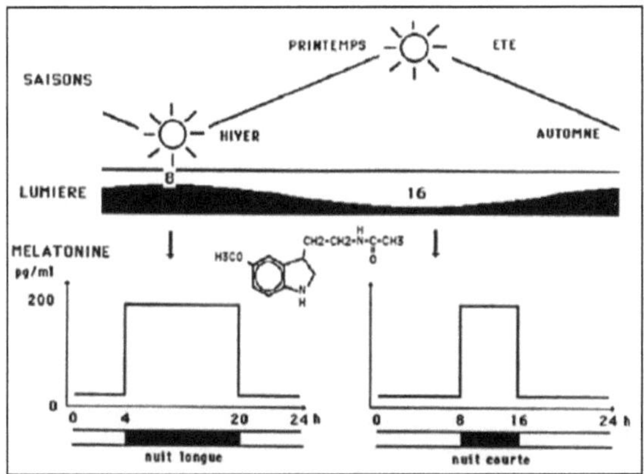

Figura 12: Padrão de secreção de melatonina em função da duração nocturna (Chemineau et al., 1992).

A melatonina é o mensageiro que permite ao sistema nervoso interpretar o sinal fotoperiódico, sendo a duração da secreção de melatonina diretamente proporcional à duração da noite. Rekik e Mahouachi (1999) demonstraram que esta ciclicidade é dependente das hormonas através de interações entre as hormonas ováricas (estrogénio e progesterona) e as hormonas hipofisárias (LH e FSH). A ciclicidade é interrompida aquando da fecundação da fêmea, deixando espaço para o desenvolvimento do período de gestação, que é em média de 5 meses para a espécie (figura 13).

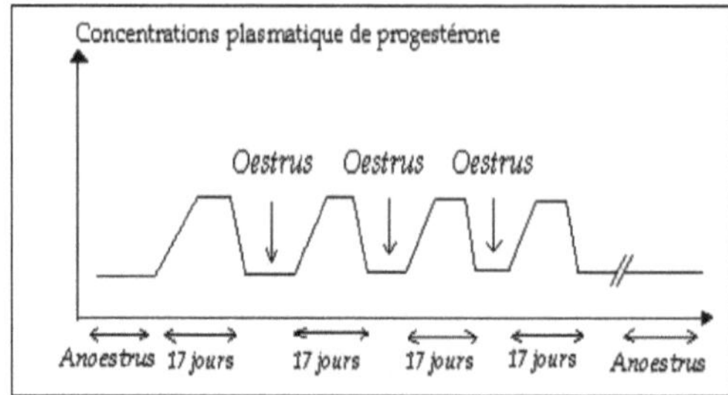

Figura 13: Variações sazonais na atividade sexual de uma ovelha não grávida

(Rekik e Mahouachi, 1999).

O anoestro sazonal é definido como um período de atividade sexual reduzida em que 50% das fêmeas deixam de ter um estro regular ou atividade ovulatória cíclica (Chemineau et al., 2001). Para a raça Barbary, o anoestro sazonal nunca é completo, com um pico de atividade sexual no outono e um declínio na primavera, segundo Khaldi (1984). Assim, há sempre um certo número de fêmeas que apresentam um comportamento de cio cíclico, mesmo na primavera, estação desfavorável à reprodução, o que reflecte o cio pouco profundo desta raça (Lassoued e Khaldi, 1995).

10- O EFEITO RAM

a- Princípio do efeito de martelo de água :

O efeito macho consiste na introdução de carneiros num rebanho de ovelhas anovulatórias na primavera, após um período de separação absoluta de pelo menos um mês.

O efeito macho é um meio natural, económico e eficaz de induzir a atividade sexual em fêmeas ovinas sazonalmente anestésicas sujeitas a lutas fora de época (Khaldi, 2007). Estas fêmeas respondem ao efeito macho e ovulam dentro de 2 a 4 dias após a introdução dos carneiros (Khaldi, 1984).

De acordo com Thimonier et al (2000), o efeito masculino é um meio fiável de :

- Desencadear a atividade sexual das ovelhas durante o período do anoestro, nomeadamente na primavera, o que lhes permite produzir borregos fora de época, com os benefícios económicos associados.

- Sincronizar o acasalamento e, em menor grau, o parto, facilitando o controlo da parição e a criação de lotes de engorda uniformes.

- Melhorar a fertilidade do rebanho quando o período de pastagem da primavera é curto, no caso dos rebanhos transumantes. (A transumância é a prática de levar os rebanhos de ovelhas a pastar em pastagens).

De acordo com Kennedy (2002), a criação de ovinos fora de época é cada vez mais praticada, uma vez que os produtores adoptam programas de parição acelerada para garantir um melhor abastecimento do mercado durante todo o ano.

b- Mecanismo fisiológico do efeito carneiro :

A introdução de carneiros num bando de fêmeas anovulatórias previamente isoladas é imediatamente seguida de um aumento da frequência das descargas pulsáteis de LH. Isto leva à ovulação. (Thimonier et al., 2000).

A lã e as secreções das glândulas sebáceas transportam a mensagem feromonal (Knight e Lynch 1980 citados por Thimonier et al., 2000). O cheiro da lã pode induzir um aumento das descargas pulsáteis de LH e a ovulação em ovelhas anovulatórias (Signoret 1990 citado por Thimonier et al., 2000).

c- Resposta ao efeito de martelo de água :

A introdução de carneiros num rebanho de ovelhas em anoestro (anovulatórias), após um período de separação, induz ovulações não associadas a um comportamento sexual (cio) nos 2 a 4 dias que se seguem a essa introdução, surgindo depois ciclos sexuais normais (17 dias: caso das fêmeas cíclicas) ou um ciclo sexual curto (6 dias: caso das fêmeas não cíclicas) seguido de uma ovulação silenciosa. Em seguida, inicia-se o ciclo sexual normal com comportamento de cio, o que explica o início tardio do cio nas fêmeas (ovelhas) cuja atividade sexual é induzida pela introdução de carneiros, como o demonstram os dois picos de atividade sexual (18 a 20 dias) e 24 a 26 dias (Khaldi, 1984) (figura 14).

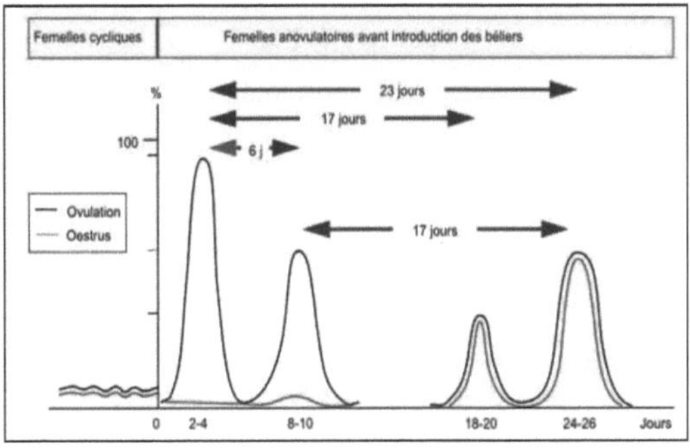

Figura 14: Reacções estrais e ovulatórias de ovelhas da Barbária ao "efeito macho". (Thimonier et al., 2000).

Segundo Thimonier et al (2000), as borregas e os borregos respondem menos bem ao efeito macho do que as ovelhas adultas, e o mesmo se aplica às fêmeas subnutridas. O efeito macho é tanto mais eficaz quanto mais próximo estiver o fim da estação sexual e quanto mais longo for o intervalo entre a secagem e a reprodução (Tournadre et al., 2009). É a intensidade do anoestro sazonal das fêmeas ovinas que determina a sua reação ao efeito macho (Khaldi, 1984). De acordo com Khaldi e Lassoued (1991) e Thimonier et al (2000), a proporção de fêmeas que respondem ao efeito macho varia inversamente com a percentagem de fêmeas anovulatórias. Este facto foi demonstrado por :

- Análise da frequência das descargas pulsáteis de LH em amostras de sangue.

- Análise dos níveis de progesterona níveis de progesterona plasmática periférica.

- Observação direta do corpo lúteo por endoscopia.

<h1 style="text-align:center">11- A LUTA</h1>

Este é o processo que envolve a fertilização através da junção de carneiros e ovelhas.

a- Controlo natural :

O controlo natural pode ser :

-Os carneiros estão permanentemente com as ovelhas, com fertilização aleatória.

- Os carneiros são então retirados do rebanho e reintroduzidos numa data específica, daí **o efeito macho**, que é um meio eficaz de estimular a atividade sexual das fêmeas.

Em ambos os casos, pode ser praticado o controlo manual, que consiste em controlar ovelha a ovelha e detetar as ovelhas em cio utilizando um carneiro vasectomizado ou um carneiro com um avental para evitar o acasalamento.

b- Sincronização artificial :

-Princípio

*Inibição do desencadeamento do ciclo sexual da ovelha pela progesterona (P4) presente na esponja, inibindo as descargas cíclicas das hormonas gonadotrópicas hipofisárias nas ovelhas sexualmente activas.

*A progesterona prepara as ovelhas em estro para a ação da PMSG (Pregnant Mare Serum Gonadotropin).

*A injeção de PMSG durante a remoção da esponja tem várias funções, tais como ;

*Para induzir e sincronizar o cio e a ovulação em fêmeas de anostrus.

*sincronizar melhor o estro em ovelhas sexualmente activas

Figura 15: Esponja com progesterona (P4)

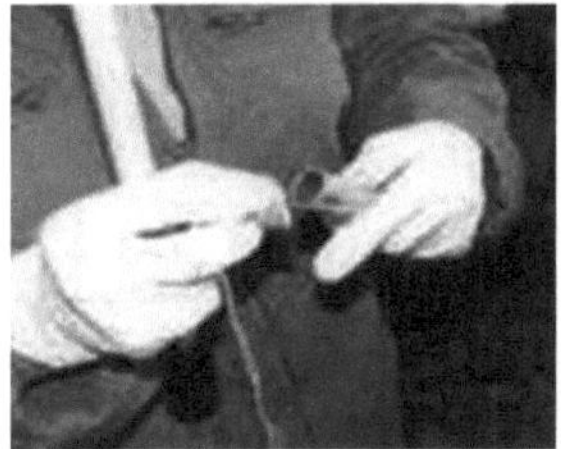

Figura 16: Inserção da esponja no tubo

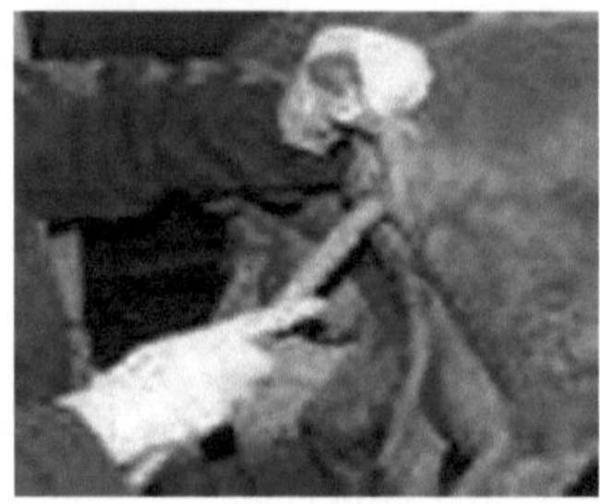

Figura 17: Inserir o tubo e utilizar um empurrador para empurrar a esponja

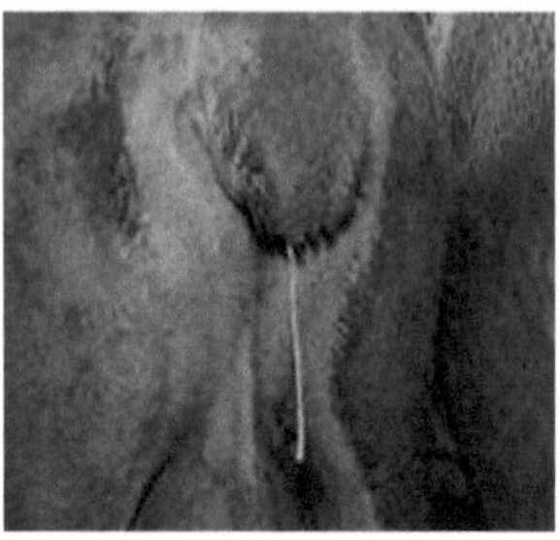

Figura 18: Fim da operação

c- Fertilização :

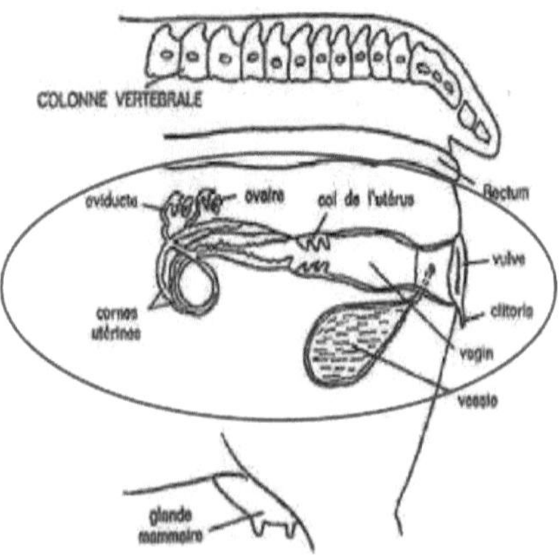

Figura 19: Órgãos genitais femininos

28

12- SALIÊNCIA NATURAL

- Pode ser livre sem qualquer intervenção do pastor, caso em que o macho dominante acasalará várias vezes, mas os outros machos não difundirão o seu material genético, daí o fenómeno da consanguinidade.

- Pode ser controlada com a intervenção do pastor, daí a nomeação (monte en main) que consiste em apresentar as fêmeas individualmente aos machos, o que permite conhecer a origem da descendência.

Figura 20: Protrusão natural livre

a- Inseminação artificial

A inseminação artificial é a técnica que permite um progresso genético rápido e é efectuada após uma série de operações diferentes em função do estádio fisiológico, como a aplicação e a remoção da esponja. A inseminação é efectuada numa única operação 55 horas após a remoção da esponja para os adultos e 52 horas para as borregas.

29

Quadro 4: Condições para a IA de ovelhas de raças francesas

Saison	Femelles	Forme de conservation	Durée de traitement (jours)	PMSG dose (UI)	Nombre de spz ($x10^6$)	Volume paillette (ml)	Nombre d'IA	Horaires (heures après retrait de l'éponge)
Anœstrus	Brebis	Liquide	12	500-700	400	0,25	1	55±1
	Agnelles	Liquide	12/14	500	400	0,25	1	55±1
Saison sexuelle	Brebis	Liquide	12/14	400-500	400	0,25	1	55±1
		Congelée	12/14	400-500	900	2 x 0,50	1 ou 2	55±1ou 50 et 60
	Agnelles	Liquide	12/14	400	400	0,25	1	53±1

-Etapas da inseminação artificial cervical 1- Preparação da palheta

2-Levantamento dos quartos traseiros da ovelha 3-Introdução lenta do espéculo

8 a 10 cm 4-Spotting e introdução da pistola (contém a palhinha com o sémen) -

Após cerca de 15 ursos de inseminação artificial, os carneiros são introduzidos

nas fêmeas para o retorno ao cio das fêmeas em que a fertilização falhou.

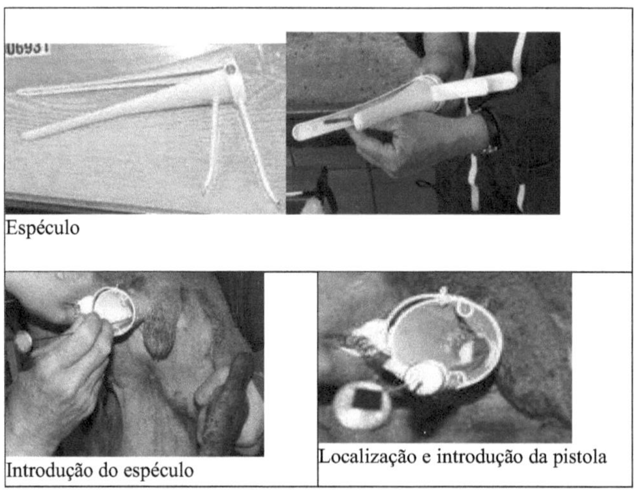

Figura 21: Ilustração das principais fases da inseminação artificial em ovelhas - Inseminação intra-uterina :

A inseminação intra-uterina por endoscopia é utilizada principalmente em ovinos. Tem a dupla vantagem de aumentar a fertilidade quando se utiliza esperma congelado e de utilizar muito menos espermatozóides (cerca de 10 vezes menos do que na inseminação exocervical). Para tal, é necessário um jejum de 12 horas.

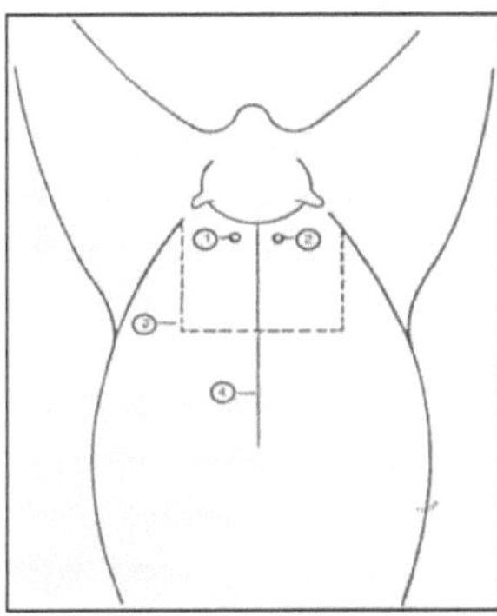

Figura 22: Locais onde os instrumentos são inseridos

Cirúrgico para inseminação intra-uterina.

1 = Trócaro e cânula para instrumentos ópticos

2 = Trócaro e cânula para instrumentos de inseminação artificial

3 = Campo de funcionamento

4 = Linha mediana do abdómen

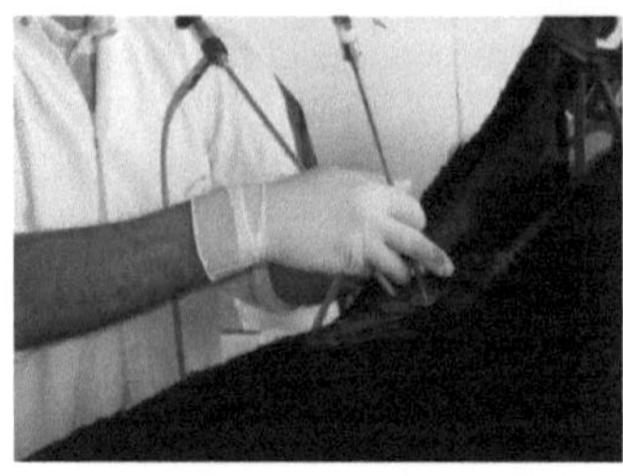

Figura 23: Inseminação intra-uterina por uma equipa tunisina na exploração.

Ain chalou (Béja norte)

b- Gestação:

De acordo com Dudouet (1997), a gestação é o intervalo de tempo entre a fecundação e o parto.

O diagnóstico de gestação é um instrumento útil para a tomada de decisões :

-a reforma

-voltar ao combate

Técnicas de diagnóstico: (Loup Bister)

- utilização d e um marcador transportado pelo carneiro (este método é geralmente pouco fiável em tempo de chuva).

-observação dos flancos das ovelhas ou do desenvolvimento do úbere.

-palpação do abdómen

-ensaios de hormonas

ultra-sons a partir dos 40ème dias

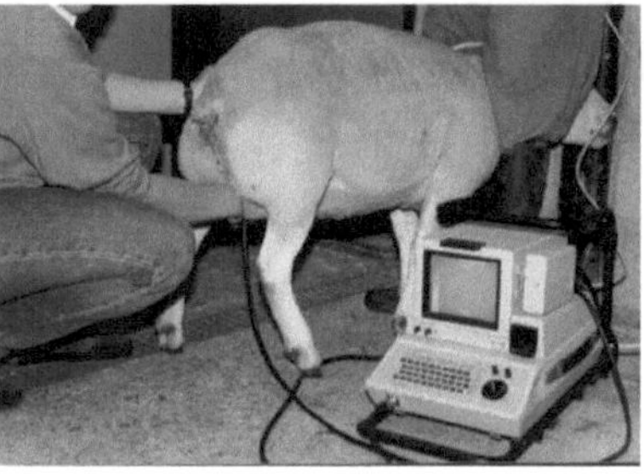

Figura 24: Diagnóstico de gestação

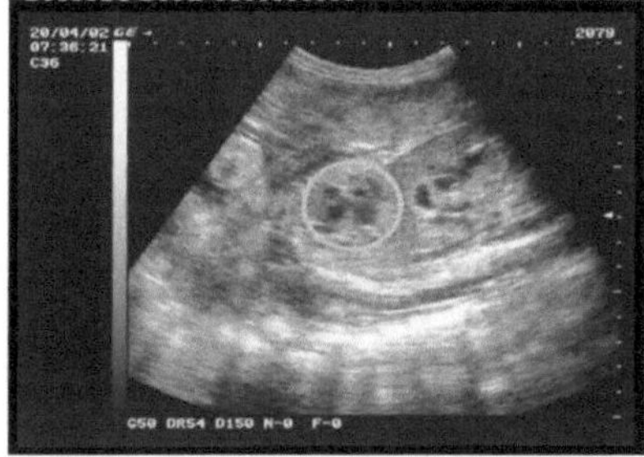

Figura 25: Imagem de ultrassom de 17 semanas mostrando o coração com suas

4 câmaras (no círculo).

c- Borrego

Sinais de parto

-a ovelha destaca-se das outras.

-A vulva está inchada e a pele dobra-se.

-O animal parece agitado e não se alimenta bem.

-um corrimento da vulva ocorre alguns dias antes do parto

-a ovelha deita-se, estica o pescoço para trás para olhar para cima e lambe os lábios

-A ovelha faz força para fazer sair o borrego A parição tem lugar em três fases:

-dilatação do colo do útero

-expulsão do cordeiro

-expulsão da placenta (parto)

Cuidados a ter com os borregos e as ovelhas imediatamente após a parição

-verificar se o borrego está a respirar

-desinfeção do umbigo do borrego

-evitar que a ovelha ingira os quartos traseiros

- se o borrego não puder mamar na mãe, o colostro deve ser administrado por sonda

-A ovelha deve receber uma injeção de antibiótico e um ovo de antibiótico no útero.

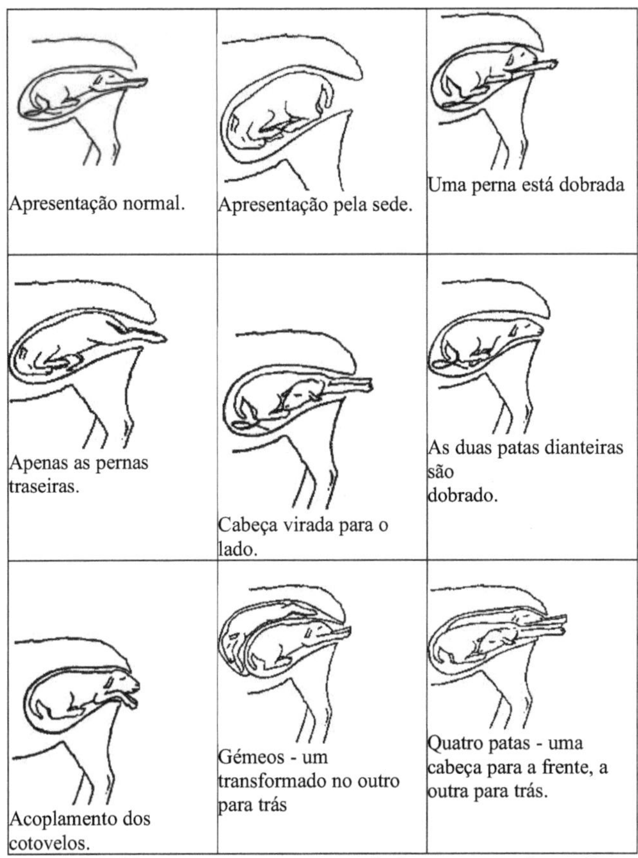

Figura 26: Diferentes apresentações do borrego na altura do parto

REFERÊNCIAS

Charron G., 1986. Les productions laitières, vol. 1. Lavoisier, Paris. pp 347.

Chemineau P., Daveau A., Maurice F e Delgadillo J A., 1992 A sazonalidade do estro e da ovulação não é alterada pela sujeição das cabras alpinas a um fotoperíodo tropical. Small Rum. Research 8.

Chemineau P., Cognié T., Thimonier J., 2001. Controlo da reprodução nos mamíferos domésticos. In "La reproduction chez les mammifères et l'homme". "ed INRA, 3ème edition, 792-815.

Cognié J., Baril G., Touze J.L., Petit J.P., 2007. Acompanhamento laparoscópico de corpos lúteos cíclicos em ovelhas. Revue de Médecine Vétérinaire 158 (8-9), 447- 451.

Dudouet C., 1997. La production du mouton. Edição France Agricole. 357p

Dudouet C. , 2003. La production du mouton. 2^{éme} édition. Editions France agricole, pp 287. **Fernandez V.E.,** 2003. Technicien en élevage, tome1 et tome2. Cultural, S.A. Madrid. pp 242 e pp 471.

Hassoun P., Bocquier F., 2007. Alimentação de ovinos. Alimentation des bovins, ovins et caprins. Edition Quae, INRA, Paris, 121-136.

Jarrige R., 1988. Alimentation des bovins, ovins et coprins. INRA, Paris. pp 476.

Kennedy D., 2002. Criação de ovinos fora de época. Data sheet. Disponível na Internet:< http://www.omafra.gov.on.ca/french/livestock/sheep/facts/02-064.htm>

Khaldi G., 1984. Variação sazonal da atividade ovárica, do comportamento do estro e da duração do anoestro pós-parto em ovelhas Barbarinas. Influência do nível alimentar e da presença do macho. Tese de doutoramento, Academia de Montpellier, pp 168.

Khaldi G., 1989. O carneiro da Barbária. In "Small ruminants in the Near East". Volume III, FAO, 74, 96-135.

Khaldi G., e Lassoued N., 1991. Interaction nutrition Reproduction chez les ovins en milieu méditerranéen. Simpósio internacional sobre a aplicação de técnicas nucleares e afins na produção e saúde animal. Em Animal Production and Health, IAEA/FAO, Áustria, 1-19 de abril, Viena, 379-390. **Khaldi G.,** 2005. Alimentação, produção e reprodução de ovelhas da raça Barbarina na Tunísia. Small Ruminants Training Resource CDROM, ILRI-ICARDA-IRESA.

Khaldi S., 2007. Etude des caractères des brebis et de croissance des agneaux de la souche W de la race Barbarine : Résultats de 20 années d'élevage. Tese de doutoramento em ciências agronómicas, INAT, 120 p.

Lassoued N., e Khaldi G., 1995. Variação sazonal da atividade sexual das ovelhas Queue Fine de l'Ouest e Noire de Thibar. Criação de ovinos em zonas áridas e semi-áridas. Cah. Opt. Médit, 6, 27-34.

Lindsay D.R., 1995. The role of management in the control of the estrus cycle. Reproduction and animal breeding: Advances and strategy. Actas do XXX

Simpósio Internacional da Societa Italiana per il progresso della zootecnica. Eds.Enne.

Ouattara I., 2001. Rapport technique sur Gestion de la reproduction dans un élevage ovin. Instituto Agronómico e Veterinário HASSAN II. pp 15.

Pelletier J., 1971. Influência do fotoperiodismo e dos androgénios na síntese e libertação de LH em carneiros. Th. Doct. Etat ès Sci. nat. Paris N° A 5441.

Rekik M., e Mahouachi M., 1999. Maîtrise de la reproduction et insémination artificielle des ovins E.S.A.K. Tunisie, pp 127.

Theriéz M., 1984. Influence de l'alimentation sur les performances de reproduction des ovins. 9ème Journée de la Recherche Ovine et Caprine. INRA-ITOVIC, p294-326.

Thimonier J., Mauléon P., 1969. Variações sazonais do comportamento do cio e da atividade ovárica e hipofisária das ovelhas. Ann. Biol. Anim. Bioch. Biophys. 9, p233-250.

Thimonier J., Cognié Y., Lassoued N., Khaldi G., 2000. L'effet mâle chez les ovins: une technique actuelle de maîtrise de la reproduction. INRA, Prod.Anim. 13(4), p223-231.

Tournadre H., Pellicer M., Bocquier F., 2009, "Maîtriser la reproduction en élevage ovin biologique : influence de facteurs d'élevage sur l'efficacité de l'effet ramer". Inovações agronómicas (2009) 4, 85-90. Disponível na Internet : < http://orgprints.org/15453/1/14-Tournadre.pdf>

Zaiem I., Chemli J., Slama H., Tainturier D., 2000. Melhoria do desempenho reprodutivo através da utilização de melatonina em ovelhas contra-sazonais na Tunísia. Revue Méd. Vét, 2000, 151, 6, p517-522.

ÍNDICE DE CONTEÚDOS